BEI GRIN MACHT SICH IHR WISSEN BEZAHLT

- Wir veröffentlichen Ihre Hausarbeit, Bachelor- und Masterarbeit

- Ihr eigenes eBook und Buch - weltweit in allen wichtigen Shops

- Verdienen Sie an jedem Verkauf

Jetzt bei www.GRIN.com hochladen und kostenlos publizieren

GRIN

Marco Blank

Kreative Klasse in Deutschland

GRIN Verlag

Bibliografische Information der Deutschen Nationalbibliothek:

Die Deutsche Bibliothek verzeichnet diese Publikation in der Deutschen National-bibliografie; detaillierte bibliografische Daten sind im Internet über http://dnb.d-nb.de/ abrufbar.

Dieses Werk sowie alle darin enthaltenen einzelnen Beiträge und Abbildungen sind urheberrechtlich geschützt. Jede Verwertung, die nicht ausdrücklich vom Urheberrechtsschutz zugelassen ist, bedarf der vorherigen Zustimmung des Verla-ges. Das gilt insbesondere für Vervielfältigungen, Bearbeitungen, Übersetzungen, Mikroverfilmungen, Auswertungen durch Datenbanken und für die Einspeicherung und Verarbeitung in elektronische Systeme. Alle Rechte, auch die des auszugsweisen Nachdrucks, der fotomechanischen Wiedergabe (einschließlich Mikrokopie) sowie der Auswertung durch Datenbanken oder ähnliche Einrichtungen, vorbehalten.

Impressum:

Copyright © 2010 GRIN Verlag GmbH
Druck und Bindung: Books on Demand GmbH, Norderstedt Germany
ISBN: 978-3-640-94742-3

Dieses Buch bei GRIN:

http://www.grin.com/de/e-book/173857/kreative-klasse-in-deutschland

GRIN - Your knowledge has value

Der GRIN Verlag publiziert seit 1998 wissenschaftliche Arbeiten von Studenten, Hochschullehrern und anderen Akademikern als eBook und gedrucktes Buch. Die Verlagswebsite www.grin.com ist die ideale Plattform zur Veröffentlichung von Hausarbeiten, Abschlussarbeiten, wissenschaftlichen Aufsätzen, Dissertationen und Fachbüchern.

Besuchen Sie uns im Internet:

http://www.grin.com/

http://www.facebook.com/grincom

http://www.twitter.com/grin_com

Christian Albrechts-Universität zu Kiel
Geographisches Institut
Hauptseminar: Die Operationalisierung wirtschaftsgeographischer Konzepte
Referent: Marco Blank
Wintersemester 10/11

Die Kreative Klasse in Deutschland

02.12.2010

Marco Blank (3. Fachsemester)
1-Fach-Bachelor Geographie

Abbildungsverzeichnis

Tabellenverzeichnis

Inhaltsverzeichnis

1. Einleitung

Die Kreative Klasse in Deutschland ist heutzutage ein wichtiger Bestandteil der wirtschaftlichen und städtischen Entwicklung. Einer der renommiertesten Ansätze dazu wird von dem Regionalökonomen Richard Florida vorgestellt, der die „Creative Class" in den USA erklärt und anhand von Hypothesen und Theorien veranschaulicht (ASHEIM, 2009, S. 356). Im Laufe dieser Hausarbeit werden wichtige Begriffe, die im Zusammenhang mit der Kreativen Klasse stehen in Abschnitt 2 definiert. In Abschnitt 3 wird genau auf die Quintessenz des Konzepts nach R. FLORIDA eingegangen. Nach der Veranschaulichung des Konzeptes wird genauer auf die Kreative Klasse in Europa eingegangen. Dies wird in Abschnitt 4 behandelt. Das Hauptthema dieser Hausarbeit wird schließlich in Abschnitt 5 vorgestellt. Hier wird genauer auf die räumliche Verteilung, die wirtschaftliche Bedeutung und die Förderung der Kreativität in Deutschland eingegangen. Anhand des Fallbeispiels Hamburg soll veranschaulichen, ob diese Theorie in all ihren Hypothesen für die deutsche Stadt gleich bewertend ist. Einhergehend werden bestimmte Stadtteile Hamburgs hervorgehoben und deren Entwicklung erläutert. Die in Abschnitt 6 zusammengefassten Ideen und Erkenntnisse beschließen diese Arbeit.

2. Definitionen

Nun folgen einige Definitionen relevanter Begriffe, welche für das Verständnis von Kreativität und deren Wirtschaft nötig sind.

Kreativität: Bedeutet schöpferisch tätig zu sein und innovative Lösungen für bestehende und neue Aufgabenstellungen zu finden. Die Kreativität lässt sich in zahlreichen Tätigkeitsbereichen ausdrücken (FRITSCH & STÜTZER, 2007, S. 15). Laut DUDEN, steht Kreativität für schöpferische Kraft und kreatives Vermögen.

Kultur- und Kreativwirtschaft: Steht für Kultur- und Kreativunternehmen, welche „sich mit der Schaffung, Produktion, Verteilung und/oder medialen Verbreitung von kulturellen/kreativen Gütern und Dienstleistungen befassen" (BMWI, 2009, S. 3). Dieser Teil der Ökonomie untergliedert sich in elf Teilmärkte: Musikwirtschaft, Buchmarkt, Filmmarkt, Kunstmarkt, Rundfunkwirtschaft, Markt für darstellende Künste, Architekturmarkt, Pressemarkt, Werbemarkt und Software/Gameindustrie (BEHÖRDE FÜR STADTENTWICKLUNG UND UMWELT HAMBURG, 2009, S. 24). Der Unterschied zwischen Kultur- und Kreativwirtschaft liegt darin, dass zu der Kreativwirtschaft die beiden Teilmärkte Software/Gameindustrie und Werbewirtschaft angehören, sowie die gesamte Kulturwirtschaft. Die Gemeinsamkeit beider Branchen ist die Schöpfung von neuen kulturellen, musikalischen oder kreativen Werken, Produkten und Dienstleistungen (BEHÖRDE FÜR STADTENTWICKLUNG UND UMWELT HAMBURG, 2009,

S. 24). Doch laut SAILER & PAPENHEIM (2007) gibt es keine eindeutige Definition für die Kreativwirtschaft. Ausschlaggebend dafür sei, dass sich dieser Begriff auf einen Querschnittsbereich beziehe. Zum einen wird die oben genannte Definition verwendet, aber zum anderen handelt es sich bei diesem Begriff, auch um die Herstellung von Prodkuten und Dienstleistungen ohne kulturellen Bezug. Lediglich ein kreativer Prozess der Entwicklung von beispielsweise Gütern, wird mit dieser Branche verbunden (SAILER & PAPENHEIM, 2007, S. 118f.). Eine klare Differenzierung der elf Teilmärkte ist auf Basis einer Wirtschaftszweigklassifikation gegeben. Jedoch stellt sich die Frage, ob die Kreative Klasse nach FLORIDA (2003) ausschließlich in dieser Kultur-/Kreativwirtschaft tätig ist oder ob sie als ein Konzept gesehen werden soll, dass sich auf viele verschiedene Wirtschaftszweige ausdehnt.

3. „Creative Class"- Konzept nach R. Florida

Nachdem nun die Kernbegriffe erläutert wurden, wird nun im Folgenden auf das Konzept der „Creative Class" eingegangen. Dieses findet seine Grundhypothesen in dem Buch „The Rise of the Creative Class" (2003), welches der Regionalökonom Richard Florida verfasst hat. FLORIDA (2003) erklärt das Konzept, basierend auf empirischen Untersuchungen in den USA. Zwei wichtige Hypothesen stehen hinter diesem Entwurf. Zum einen geht FLORIDA (2003) davon aus, dass Unternehmen durch die Standortwahl der in „kreativen" Berufen tätigen Menschen in ihrer räumlichen Anordnung beeinflusst sind. Zum anderen wird erklärt, dass sich die „Kreativen" hauptsächlich in großen Agglomerationsräumen ansiedeln und dort wichtiger Bestandteil der wirtschaftlichen Entwicklung sind. Bei der Ansiedlung spielen ebenfalls die Faktoren der Offenheit und Toleranz eine Rolle, auf welche im Laufe dieser Ausarbeitung eingegangen wird.

3.1 Formen und Menschen der Kreativität

Kreativität wird nach FLORIDA (2003) in drei Teilbereiche aufgegliedert. Er nennt „technological creativity or innovation", „economic creativity or entrepreneurship" und „artistic or cultural creativity" (FLORIDA, 2003, S.5). Diese drei Arten menschlicher Kreativität sind im Zusammenspiel dafür verantwortlich, dass eine Region sich wirtschaftlich weiterentwickelt.

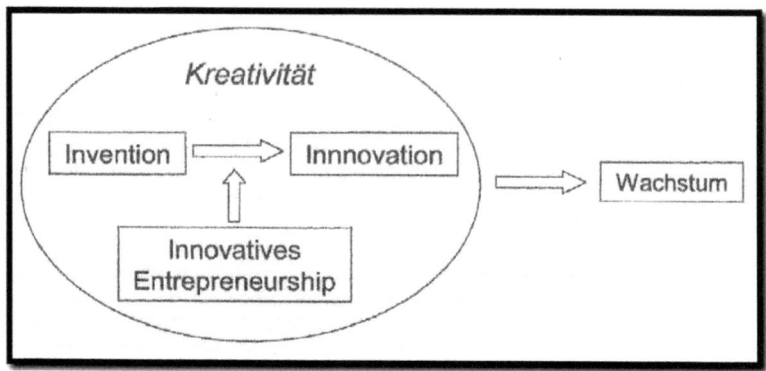

Abb. 1: Zusammenhang Kreativität und Wachstum (FRITSCH, 2010, S. 84)

FRITSCH (2010) versucht in Abbildung 1 den Zusammenhang von Kreativität und Wachstum abstrakt darzustellen. Inventionen stehen an erster Stelle. Mit Hilfe von innovativem Unternehmertum wird diese Invention zu einer Innovation weiterentwickelt, kommerzialisiert und verkauft. Diese Erfindung führt dann zum Wachstum. Weiterführend unterscheidet FLORIDA (2003) auch unter den „Kreativen" Menschen.

Drei Untergruppen kennzeichnen die Kreative Klasse, abgegrenzt nach ihren Berufen. Zum einen existieren die „Hochkreativen" (creative core), welche die ökonomische und technologische Entwicklung vorantreiben. Hierzu gehören beispielsweise Ärzte und Ingenieure. Des Weiteren nennt FLORIDA (2003) die „Kreativen Professionals", welche charakterisierend für die Beschäftigung in wissensintensiven Berufen stehen. Hier sind Anwälte, Manager und Techniker beispielhaft zu nennen. Die „Bohemians", als der künstlerisch aktive Teil der Kreativen Klasse werden durch Musiker, Publizisten, Artisten und Designer repräsentiert. Die „Bohemians" tragen zwar keinen erheblichen Teil zum wirtschaftlichen Wachstum bei, jedoch sind sie ausschlaggebend dafür, dass sich die anderen zwei Gruppen in ihrer Nähe ansiedeln (FLORIDA, 2003, S. 8). Diese berufliche Abgrenzung wird noch einmal in Tabelle 1. dargestellt.

Diese Menschen unterscheiden sich von „Fließbandarbeitern", da sie nicht dafür bezahlt werden vorbestimmte Tätigkeiten routiniert auszuführen. Die allgemeine Tätigkeit und Einstellung der „Kreativen" ist es Probleme zu identifizieren und neue Lösungen zu entwickeln, mit Hilfe der Neukombination von vorhandenem Wissen (FRITSCH & STÜTZER, 2007, S. 17).

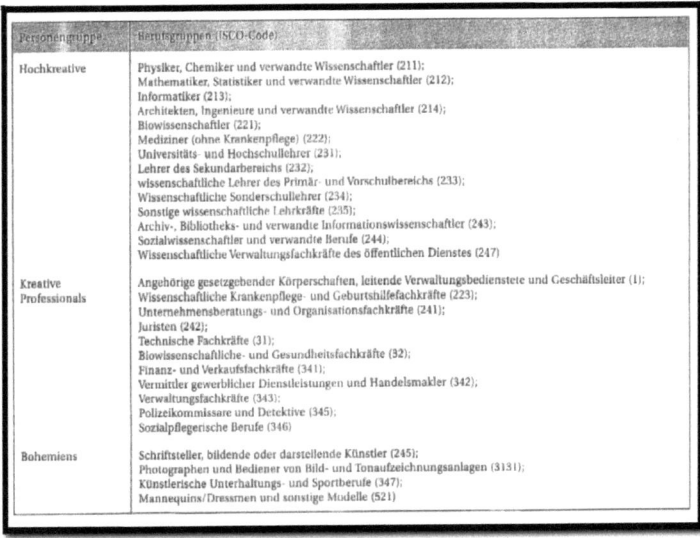

Personengruppe	Berufsgruppen (ISCO-Code)
Hochkreative	Physiker, Chemiker und verwandte Wissenschaftler (211); Mathematiker, Statistiker und verwandte Wissenschaftler (212); Informatiker (213); Architekten, Ingenieure und verwandte Wissenschaftler (214); Biowissenschaftler (221); Mediziner (ohne Krankenpflege) (222); Universitäts- und Hochschullehrer (231); Lehrer des Sekundarbereichs (232); wissenschaftliche Lehrer des Primär- und Vorschulbereichs (233); Wissenschaftliche Sonderschullehrer (234); Sonstige wissenschaftliche Lehrkräfte (235); Archiv-, Bibliotheks- und verwandte Informationswissenschaftler (243); Sozialwissenschaftler und verwandte Berufe (244); Wissenschaftliche Verwaltungsfachkräfte des öffentlichen Dienstes (247)
Kreative Professionals	Angehörige gesetzgebender Körperschaften, leitende Verwaltungsbedienstete und Geschäftsleiter (1); Wissenschaftliche Krankenpflege- und Geburtshilfefachkräfte (223); Unternehmensberatungs- und Organisationsfachkräfte (241); Juristen (242); Technische Fachkräfte (31); Biowissenschaftliche- und Gesundheitsfachkräfte (32); Finanz- und Verkaufsfachkräfte (341); Vermittler gewerblicher Dienstleistungen und Handelsmakler (342); Verwaltungsfachkräfte (343); Polizeikommissare und Detektive (345); Sozialpflegerische Berufe (346)
Bohemiens	Schriftsteller, bildende oder darstellende Künstler (245); Photographen und Bediener von Bild- und Tonaufzeichnungsanlagen (3131); Künstlerische Unterhaltungs- und Sportberufe (347); Mannequins/Dressmen und sonstige Modelle (521)

Tab. 1: Berufsgruppenabgrenzung (Fritsch & Stützer, 2007, S. 18)

3.2 Standortwahl der Kreativen

FLORIDA (2003) hat die Hypothese aufgestellt, dass die Unternehmen der Kreativen Klasse folgen, um sie anzuwerben und zu rekrutieren. Anstelle der Ansiedlung der Kreativen Klasse in der Nähe der Unternehmen, gilt in diesem Fall das Gegenteil. Dieses Phänomen wird als „jobs follow the people" bezeichnet (OßENBRÜGGE ET. AL., 2009, S. 252). Grund dafür ist die hohe Vielfalt und Kreativität in dieser Region, welche Nährboden für Innovationen und Unternehmergeist ist. Durch die Neugründung von Unternehmen werden Ideen kommerzialisiert. Die Verbindung zwischen Erfinder und gleichzeitig Unternehmer verläuft sehr fließend (FRITSCH & STÜTZER, 2007, S. 16). Florida misst die Kreativität in einem Bezirk nach drei Kategorien. Zur Kategorie Technologie, zählt die Anzahl an Beschäftigen in High-Tech Industrien. Die nächste Kategorie ist Talent, welche die Beschäftigten zählt, die in Kunst, Architektur, Recht oder Medizin arbeiten und somit eine höhere Bildung besitzen.

7

Die letzte Kategorie ist die Toleranz. Diese misst die ethnische Integration und die Anzahl der Menschen die als Autoren, Schauspieler, Musiker oder Designer arbeiten (THE FAIRFIELD LEDGER, 2008, o.S.).

Die Kreativen legen in ihrem Wohnumfeld Wert auf ein kleinteiliges kulturelles Angebot, mit intensivem Nachtleben und einer Musikszene. Im Unterschied zu den klassischen Kulturangeboten, wie Museen, Oper oder Theater (FLORIDA, 2003, S. 259). Das signifikanteste Motiv für die Standortwahl der Kreativen ist die Toleranz und Offenheit in einer Region und nicht die Beschäftigungsmöglichkeiten. Die „Bohemians" sind ein relevanter Indikator für dieses Motiv, da durch sie die anderen Untergruppen der Kreativen Klasse angezogen werden, wie bereits in Abschnitt 3.1 erklärt wurde (FRITSCH & STÜTZER, 2007, S. 17). Die Toleranz und Offenheit ist erforderlich für das Existieren von verschiedenen Lebensstilen und urbanen Subkulturen. Diese Koexistenz führt zu einem Umfeld, welches es der Kreativen Klasse erlaubt ihre Identität beizubehalten. FLORIDA (2003) geht davon aus, dass aus der Offenheit und Toleranz eine Diversität entsteht, die es möglich macht für die Kreative Klasse neue Erfahrungen zu sammeln und diese in neue kreative Prozesse einzubinden (FRITSCH, 2010, S. 84). Die Verfügbarkeit von Infrastruktureinrichtungen, Sportstadien, Shopping Malls oder Unterhaltungsdistrikten sind unattraktiv und unwichtig für die Wohnortwahl (POHL, 2008, S. 319).

Die bereits angesprochene Diversität, misst FLORIDA (2003) mit Hilfe einer Indexierung der Anzahl an homosexuellen Haushalten (Gay Index), dem Verhältnis von ausländisch geborenen Menschen in der Wohnortbevölkerung (Melting Pot Index) und der Anzahl an Designern, Musikern, Schauspielern etc., (Bohemian Index) (POHL, 2008, S. 319). Diese Faktoren sind repräsentativ für das Klima der Offenheit in einer Region. Stimmt das Umfeld für die Kreative Klasse und hat sie sich auch bereits in einer Kernstadt niedergelassen, so wurde empirisch in den USA festgestellt, dass es einen Zusammenhang zwischen ethnischer Diversität und regionaler Entwicklungsfähigkeit gibt. In diesen Kernstädten ist die Anzahl der Neugründungen von Unternehmungen hoch, da sich wie bereits erwähnt, dort ein hoher Beschäftigtenanteil an kreativen Berufen befindet (FRITSCH, 2010, S. 85). FLORIDA (2003) nennt diese Kernstädte in den USA „creative centres", und definiert sie als Orte der höchsten Rate an wirtschaftlichem Erfolg und der niedrigsten Arbeitslosigkeit. „The Creative Centres [...] are succeeding largely because creative people want to live there. Creative Centres provide the intergrated ecosystem or habitat where all forms of creativity [...] can take root and flourish." (FLORIDA, 2004, S. 35).

3.3 Kritik

Kritikpunkt an FLORIDAS Konzept der „Creative Class" ist vor allem die unklare Abgrenzung von Humankapital/Qualifikation und Kreativität. Die kreativen Berufe, setzen überwiegend eine höhere Qualifikation voraus, wie einen Hochschulabschluss (s. Tab. 1). Somit hängt der wirtschaftliche Erfolg einer Region, wie FLORIDA (2003) erwähnt von den „Kreativen" ab, welche aber überwiegend ein hohes Maß an Humankapital in ihrer Bildung erlangt haben. Ein weiterer Kritikpunkt, ist das Beispiel des „taxifahrenden Germanisten". Nur jemand der beruflich tätig ist in seiner Kreativität/hohen Qualifikation kann auch etwas zur wirtschaftlichen Entwicklung beitragen. Der Beruf des Taxifahrers, würde dann in die Kategorie des „Fließbandarbeiters" (Abschnitt 3.1) fallen, da es nicht zu einer Generierung und Neukreierung von Ideen kommen wird (FRITSCH, 2007, S. 17).

Letzter Kritikpunkt ist der Einfluss der „Bohemians" auf die wirtschaftliche Entwicklung. Zuerst ist zu erwähnen, dass FLORIDA (2003) in seinen Untersuchungen lediglich die „Bohemians" eingebunden hat, die auch angestellt waren und nicht die Freiberuflichen. Es ist unwahrscheinlich, dass es einen Zusammenhang zwischen den „Bohemians" und der wirtschaftlichen Entwicklung gibt, weil die Kritiker davon ausgehen, dass diese kein Attraktionsfaktor für Kreative ist (MARKUSEN in FRITSCH 2007, S. 17).

4. Europa und USA im Vergleich

Da das „Creative Class" Konzept sich ausschließlich auf den empirischen Untersuchungen der Vereinigten Staaten bezieht, wird nun im Folgenden diskutiert, welche Faktoren und Ansätze sich zur Anwendung auf Europa ändern. B. ASHEIM (2009) erläutert in einem kurzen Essay den Vergleich der Analyse von Kreativer Klasse in Europa. Wichtig dabei ist zu verstehen, dass sich die Gesellschaft in Nordamerika in vielen Faktoren zur Europäischen unterscheidet. Zum einen ist die Dichte und Anzahl an Städten viel höher, und der zwischenstädtische Wettkampf viel intensiver als in Europa. Hinzukommt, dass die USA einen großen Arbeitsmarkt besitzen mit einer einheitlichen Sprache und institutionellen Einstellungen. Unteranderem ist die soziale Sicherheit in den USA geringer als in europäischen Städten. Grundsätzlich lassen sich aber auch Gemeinsamkeiten mit Europa feststellen. Beispielsweise die gesellschaftliche Entwicklung, welche in politische Prioritäten, Prozesse des Wirtschaftswachstums und sozialen Ausgaben auseinanderklafft (ASHEIM, 2009, S. 357). Einfluss auf die Präferenzen der talentierten Menschen, hat die unterschiedliche Organisation des Marktes, des Bildungssystems, des Arbeitsmarktes, des Finanzwesens und der Rolle des Staates.

Grundansatz ist, dass in den Vereinigten Staaten von Amerika eine freie Marktwirtschaft herrscht, die individueller, wettbewerbsbetonter und flexibler ist als ein koordinierter Markt in Europa. Tatsache ist, dass bei einer schlechten nationalen Sozialhilfe, Menschen die ihren Job verlieren, verstärkt die Alternative nutzen sich selbstständig zu machen (ASHEIM, 2009, S. 357). Somit wird erklärt wieso die Anzahl an Unternehmertum höher ist als in europäischen Staaten (beispielshaft dargestellt an den Nordischen europäischen Ländern). Außerdem herrscht in den Vereinigten Staaten ein höherer Austausch zwischen den High-Tech Industrien, die Innovationen produzieren. Währenddessen in Industrien des koordinierten Marktes, interaktives Lernen dominiert. ASHEIM (2009) nennt dies als einen Grund für den unterschiedlichen Einfluss dieser Industrien auf die schwedische Wirtschaft, welche ihm als Fallbeispiel dient. Anhand der nordischen europäischen Länder erklärt ASHEIM (2009), dass das interaktive Lernen positiv für eine Wirtschaft ist. Durch die hohe Mobilität im Arbeitsmarkt der Vereinigten Staaten von Amerika, ist es schwer Vertrauen und soziales Kapital zu entwickeln.

Eine der wichtigsten Erkenntnisse von ASHEIM (2009) ist die Tatsache, dass die Standortwahl und das Vorkommen der Kreativen Klasse sich in Europa ebenfalls auf die großen Agglomerationsräume beschränkt (ASHEIM, 2009, S. 359). Ferner hat man Korrelationen zwischen der Präsenz der Kreativen Klasse, ethnischen Diversität, des kulturellen Angebots und wirtschaftlichen Wachstum im europäischen Kontext ausmachen können (LORENZEN & ANDERSEN 2009, S. 368).

5. Kreative Klasse in Deutschland

Das theoretische Konzept von R. FLORIDA (2003) wird nun dazu dienen die Kreative Klasse in Deutschland näher zu begutachten. Es wird erläutert, wie sich die Kreative Klasse in Deutschland räumlich verteilt. Die Beschäftigungsbereiche, sowie Anteile der Kreativen an der Gesamtbevölkerung werden veranschaulicht. Abschließend wird anhand von Hamburg die Operationalisierung des Konzeptes in einer deutschen Stadt erläutert und einige Fördermaßnahmen der Bundesregierung vorgestellt.

5.1 Räumliche Verteilung in Deutschland

FRITSCH (2007) hat sich ausführlich mit der räumlichen Distribution der Kreativen in Deutschland auseinandergesetzt. Er kam zu den Erkenntnissen, dass wie bereits in Abschnitt 3.1 erklärt wurde, sich die Hypothese bestätigt hat, dass ein Großteil der „Creative Class" in Agglomerationsräumen vorkommt. Für den Anteil der in kreativen Berufen Beschäftigten an der deutschen Gesamtbevölkerung wurde ein Wert von 12,1% im Jahre 2004 ermittelt (FRITSCH & STÜTZER, 2007, S. 18). Davon leben und arbeiten mehr als die Hälfte in Agglomerationsräumen. Der Rest lebt im ländlichen Raum. FRITSCH (2007) hat versucht anhand eines Standortkoeffizienten statistisch festzuhalten, wie hoch die Konzentration der Kreativen in den Städten ist (s. Abb. 2).

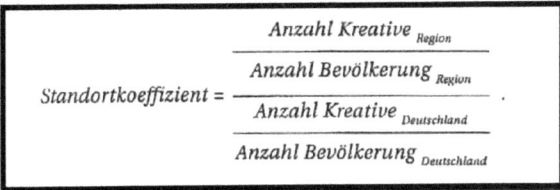

$$Standortkoeffizient = \dfrac{\dfrac{Anzahl\ Kreative_{Region}}{Anzahl\ Bevölkerung_{Region}}}{\dfrac{Anzahl\ Kreative_{Deutschland}}{Anzahl\ Bevölkerung_{Deutschland}}} \ .$$

Abb. 2: Standortkoeffizient (FRITSCH & STÜTZER 2007, S. 19)

Liegt dieser Werte über 1 so ist zu erkennen, dass in Agglomerationsräumen ein durchweg überdurchschnittlich hoher Wert an Kreativen existiert. Für Werte unter 1 gilt eine unterdurchschnittliche Konzentration der Kreativen, wie im ländlichen Raum. Die Anteile der Untergruppen variieren in den unterschiedlichen Räumen (s. Tab. 2).

| | Deutschland | Agglomerationen | | | Verstädterte Räume | | Ländlicher Raum |
		Insgesamt	Kernstädte	Sonstige	Insgesamt	Kernstädte	
Kreative Klasse	12,1 / 1,00	13,8 / 1,14	18,9 / 1,58	9,9 / 0,81	10,6 / 0,87	19,1 / 1,57	9,4 / 0,78
Hochkreative	3,2 / 1,00	3,6 / 1,18	5,2 / 1,64	2,6 / 0,81	2,7 / 0,84	5,4 / 1,68	2,2 / 0,69
Kreative Professionals	8,3 / 1,00	9,1 / 1,11	12,1 / 1,46	6,8 / 0,82	7,4 / 0,90	12,8 / 1,53	6,9 / 0,84
Angestellte Bohemiens	0,43 / 1,00	0,57 / 1,33	0,96 / 2,27	0.26 / 0,60	0,30 / 0,69	0,83 / 1,93	0,21 / 0,48
Freiberufliche Künstler	0,25 / 1,00	0,35 / 1,39	0,58 / 2,31	0.17 / 0,88	0,15 / 0,60	0,29 / 1,16	0,13 / 0,50
- Wort	0,07 / 1,00	0.10 / 1,50	0,18 / 2,60	0.04 / 0,57	0,03 / 0,48	0,07 / 0,99	0,03 / 0,38
- Darstell. Kunst	0,03 / 1,00	0,04 / 1,46	0,08 / 2,60	0,02 / 0,67	0,02 / 0,53	0,03 / 1,10	0,01 / 0,41
- Musik	0,06 / 1,00	0,08 / 1,25	0,12 / 1,87	0,05 / 0,83	0,05 / 0,76	0,09 / 1,34	0,04 / 0,61
- Bildende Kunst	0,09 / 1,00	0,12 / 1,36	0,21 / 2,32	0.06 / 0,67	0,05 / 0,61	0,11 / 1,18	0,05 / 0,54

Tab. 2: Bevölkerungsanteil (in Prozent) in kreativen Berufen und Standortkoeffizienten für verschiedene Regionstypen 2004 (Fritsch 2010, S. 87).

Die genaue Verteilung der Kreativen Klasse mit ihren Untergruppen wurde ebenfalls auf einer Karte Deutschlands abgebildet (s. Abb. 3). In welchen Regionen und Bundesländern die Kreative Klasse auftritt wird nicht weiter befasst, da es in den Karten gut ersichtlich ist. Lediglich bedarf es der Klärung der geringeren Anteile der Kreativen Klasse in Ostdeutschland und die damit verbundene Schwäche der regionalen Wirtschaft. Das DDR-Regime hatte zur Folge, dass große Teile der Bevölkerung in die alten Bundesländer abgewandert sind und somit im Osten 1 % weniger Menschen der Kreativen Klasse leben. Vor allem die Gruppe der Kreativen Professionals ist unterrepräsentiert.

Markante Überschüsse jedoch werden in der Untergruppe der freiberuflichen und angestellten Bohemians verzeichnet. Die höchste Konzentration verzeichnet Berlin.

Abb. 3: Verteilung der Kreativen Klasse insgesamt auf Deutschland 2004 (Fritsch & Stützer 2009, S. 21)

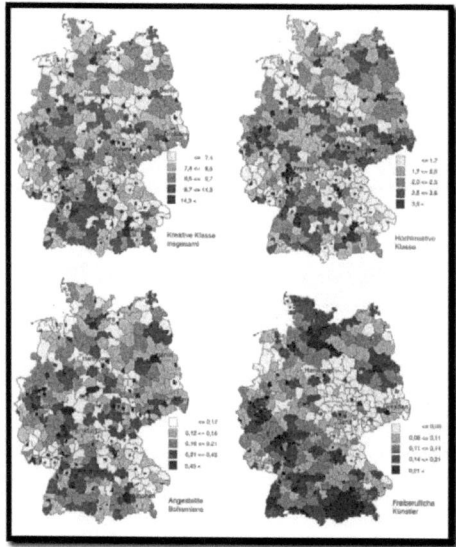

Die ausschlaggebenden Erklärungsansätze zur regionalen Verteilung belaufen sich auf die von FLORIDA (2003) aufgestellten Hypothesen. Zur kurzen Wiederholung hängt diese Verteilung zum einen, mit der hohen Lebensqualität und der Offenheit und Toleranz zusammen. Zum anderen wird die Kreative Klasse nicht von Beschäftigungsmöglichkeiten des regionalen Arbeitsmarktes angezogen.

5.2 Wirtschaftlicher Standpunkt der Kultur- & Kreativwirtschaft

Die Kultur- und Kreativwirtschaft umfasst, laut aktueller Angaben der Initiative Kultur- und Kreativwirtschaft der Bundesregierung eine Anzahl von 237.000 Unternehmen, Freiberuflern und gewerblichen Unternehmern. Sie erwirtschaftet 131,4 Mrd. Euro Umsatz und somit 7,4% an der Gesamtwirtschaft der Bundesrepublik (BMWi, 2010, S. 7).

Diese Fakten verdeutlichen ein ausordentlich gutes Zukunftspotenzial der Kreativwirtschaft in Deutschland und ebenso ihre Unterstützung und Forderung von zahlreichen Unternehmensgründungen.

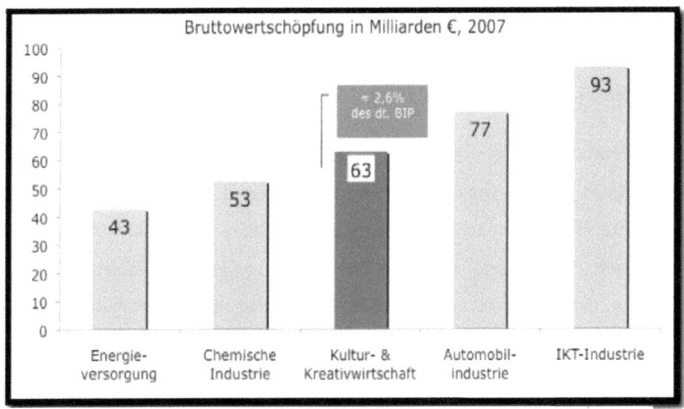

Abb. 4: Bruttowertschöpfung im Branchenvergleich 2007 (BMWi, 2009)

Wie man in Abbildung 4 erkennen kann, hat die Kultur & Kreativwirtschaft eine beachtliche Bruttowertschöpfung im Jahre 2007 erwirtschaftet. 63 Milliarden €, circa 2,6% des deutschen Bruttoinlandproduktes, direkt hinter der Automobilindustrie und IKT-Industrie (BMWi, 2009).

	Erwerbstätigkeit	Umsatz
Verarbeitendes Gewerbe insgesamt	-4,5%	-18%
Automobilindustrie	-5,2%	-23%
Maschinenbauindustrie	-5,1%	-20%
Chemische Industrie	-1,0%	-18%
Nahrungsmittelindustrie	1,3%	-6%
Kultur- und Kreativwirtschaft	1,8%	-3,5%

Veränderung 2009 gegenüber 2008 in %

Abb. 5: Veränderung der Kultur- & Kreativwirtschaft (BMWi 2009)

Dieser Wirtschaftszweig kennzeichnet sich durch ein überaus starkes und stetiges Wachstum von selbstständigen Unternehmen aus (s. Abb. 5). Selbst in der Weltwirtschaftskrise im Jahre 2008/2009 konnte die Kultur- & Kreativwirtschaft ein Plus von 1,8 % an Erwerbstätigen nachweisen und somit ist dieser Wirtschaftsbereich sehr wichtig für die Volkswirtschaft Deutschlands und erhält mittlerweile

13

beachtliche Aufmerksamkeit von Seiten der Politik. Förderungen, die garantieren dass sich mehr Menschen in diesen Wirtschafszweig begeben, sind bereits vorhanden.

5.3   Fallbeispiel Hamburg

POHL (2008) beschäftigte sich mit der Anwendung der Kreativen Klasse nach FLORIDA (2003), auf Hamburg. Zu welchen Erkenntnissen er gekommen ist wird nun im Folgenden Abschnitt erläutert. Abbildung 6 veranschaulicht die Stadtregion Hamburgs mit seinen einzelnen Stadtteilen. Die Viertel die von besonderem Interesse sind, werden in dieser Abbildung gelb gekennzeichnet. Dazu gehören St. Pauli, St. Georg, Ottensen, Altona-Altstadt, Altona-Nord und Hamm-Süd (POHL, 2008, S. 322). Sie werden unteranderem auch „Szenestadtteile" genannt. POHL (2008) hat eine Sozialraumanalyse durchgeführt und dazu drei Faktoren benutzt. Zum einen den sozialen Status, den Familien Status (Single od. Familien Haushalt) und den *lifestyle*-Faktor, der Offenheit zur Vielfalt einbezieht (POHL, 2008, S. 322). Die Plus- und Minuszeichen, die in der Abbildung enthaltenen Tabelle stehen für die empirische Standardabweichung vom Durchschnitt. Für diese sieben Stadtteile kam ein überdurchschnittlich hoher Wert für Vielfalt zustande, aber nur ein durchschnittlicher Wert im sozialen Status, was wiederum dafür steht, dass die Offenheit und Vielfalt in einer Region nichts mit der Ausprägung des sozialen Status' gemeinsam hat (POHL, 2008, S. 322). Diese Erkenntnisse wurden anhand von fünf nacheinander folgenden Messungen festgestellt. Der Zeitraum war 1990 bis 2007. Diese drei Faktoren sind Überbegriffe für zahlreiche empirische Messungen. Beispielsweise wurde unter dem *lifestyle*-Faktor, die Anzahl der Autos pro 1000 Einwohner gemessen oder die Anzahl der Rentner und CDU-Wähler. Eine von POHLS (2008) Feststellungen war, dass überwiegend Wähler der Grünen, ein Indikator für die Offenheit und Diverstität in einer Region sind. Sie sind abgeneigt gegen die konservativen Ideen der CDU und stehen unteranderem für multikulturelle Beziehungen zwischen Menschen.

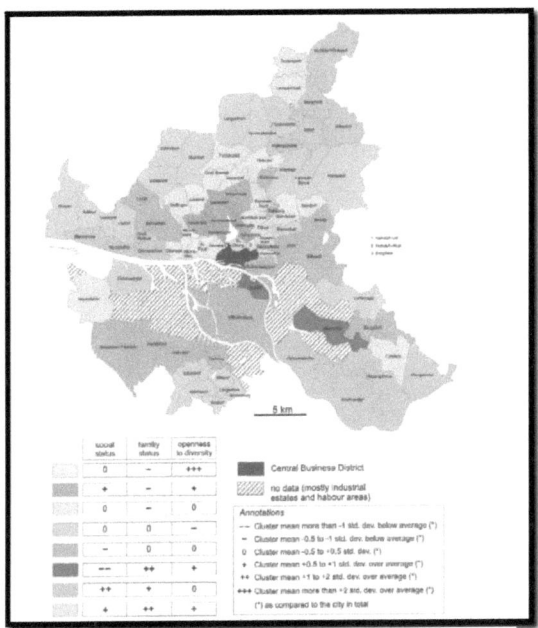

Abb. 6: Hamburg – Sozialraumanalyse (POHL, 2008, S. 323)

In diesen Szenestadtteilen herrscht eine hohe Konzentration von Unternehmen, die Teil der wissensbasierten Wirtschaft sein wollen. Diese Viertel grenzen an den lokalen Central Business Distrikt Hamburgs, was als Erklärung für diese Konzentration an Unternehmen dient (POHL, 2008, S. 322).

Durch die Gentrifizierung haben sich diese Stadtteile zu den Wohnorten der Kreativen Klasse entwickelt. Dieser Prozess besitzt zwei Stadien der Entwicklung. Die erste Phase, auch genannt Pionier Phase, verursacht eine Steigerung der Offenheit und Toleranz einer Region. Pioniere ziehen in die Regionen und bestehen hauptsächlich aus Studierenden und Yuppies mit geringem Einkommen (HEINEBERG, 2006, S.20). Somit wird eine Region sozial aufgewertet. Nach dieser Phase folgt die Verdrängung der Yuppies durch die Dinks (Double Income no Kids), die durch ein älteres Alter und mehr Einkommen charakterisiert sind. Mit einer Steigerung des sozialen Status' in einer Region sinkt aber gleichzeitig die Offenheit und Vielfalt (POHL, 2008, S. 325). In St. Pauli und St. Georg vollzog sich dieser Prozess von 1995 bis 2004. Von 2004 bis 2007 sank der soziale Status in diesen Vierteln wieder und somit hat die hohe Offenheit nicht zur Verbesserung des sozialen Status' geführt (POHL, 2008, S. 325).

Als Fazit nennt POHL (2008), dass die „openness to diversity" seit 2004 eine sehr wichtige Rolle für die Segregation in der Stadt spiele und dies einen bedeutenden Schnittpunkt in der sozialräumlichen

Ungleichheit darstelle (POHL, 2008, S. 326). Außerdem ist dies ein innerstädtisches Phänomen und nicht zu verbinden mit einer sozialen Aufwertung einer Region.

5.4 Fördermaßnahmen zur Kultur- & Kreativwirtschaft

Bereits in Abschnitt 5.2 wurde erwähnt, dass der kreative Wirtschaftszweig Zukunftspotenzial besitzt. Deshalb hat sich die Politik der Förderung dieses Bereiches angenommen. In Hamburg wurde beispielsweise ein Leitbild eingeführt, welches den Slogan „Wachsen mit Weitsicht" trägt. Die Absichten, die damit verbunden sind, sind die Stärkung des Kreativsektors. Eines der weiteren Ziele ist es durch Marketing Humankapital aus dem Ausland anzuwerben (WEDEMEIER, 2010, S. 15f.).

Für die Sicherung der weiteren Existenzgründungen in Hamburg wurde ein Kompetenzzentrum errichtet, welches vom Bundesministerium für Wirtschaft und Technologie unterstützt ist. Solche Zentren wurden deutschlandweit in den größten Metropolen eingerichtet. Dies erfolgt im Rahmen der Initiative Kultur- & Kreativwirtschaft der Bundesregierung (INITIATIVE KULTUR- UND KREATIVWIRTSCHAFT DER BUNDESREGIERUNG, 2010, O.S.). Die Aufgaben dieser Kompetenzzentren sind die Verankerung der Branche als selbstständiges Wirtschaftsfeld, die Verbesserung des Zugangs zu Fördermaßnahmen und die Optimierung der Marktchance für Kulturschaffende und Kreative, sowie der Zugang zu internationalen Märkten. Diese Initiative versucht den Kreativen Menschen, beispielsweise mit dem Wettbewerb „Kultur- und Kreativpiloten Deutschland" einen Einstieg in das Unternehmertum mit deren eigenen Ideen zu ermöglichen und zu fördern (INITIATIVE KULTUR- UND KREATIVWIRTSCHAFT DER BUNDESREGIERUNG, 2010, O.S.).

6. Fazit

Das Thema Kreative Klasse in Deutschland ist meines Erachtens ein sehr aktuelles und fortschrittliches. Es ist eine Möglichkeit den bisherigen Fordismus und Postfordismus abzulösen. Durchaus bemerkenswert ist die Aufstellung des Argumentes, dass sich Unternehmen nach der Standortwahl der Kreativen richten.

Der Unterschied bzw. die Gemeinsamkeit zwischen der Kreativen Klasse und der Kultur- & Kreativwirtschaft ist meiner Meinung nach nicht substantiell. Es wird nicht deutlich ob es einen Zusammenhang zwischen den Berufsgruppen und den Teilmärkten des Wirtschaftszweiges gibt. Wie soll ein Mediziner in den Teilmarkt der Filmwirtschaft oder Musikwirtschaft passen? Oder meint FLORIDA, dass Menschen die diese Berufe ausüben, bzw. erlernt haben, das Talent haben aus jeglichen Zusammenhängen neues zu Kreieren, egal welche Beschäftigung dies betrifft. So könnte man womöglich erklären, wie   der Mediziner aus der Untergruppe der Hochkreativen, in den Teilmarkt der Musikwirtschaft eingegliedert wird. Es sei in den Raum gestellt, dass dieser vielleicht als Hobby in einer Band spiele.

Doch wie bereits diskutiert wurde, sind natürlich die Umstände der nationalen Wirtschaft und des Arbeitsmarktes maßgebend, in wie fern sich die Kreative Klasse etablieren und entwickeln kann. Tatsache ist, dass dieses Konzept mehrere Bereiche einbezieht, wie zum Beispiel den Stadtgeographischen oder Ökonomischen.

In der Zukunft wird man sehen, ob sich an mehreren Standorten sogenannte Kreative Klassen gebildet haben. Die Grundwahrheit ist, dass sich diese Menschen über einen ungewissen Zeitraum in der Innenstadt niederlassen und dieses Konzept nicht als ein Phänomen zu sehen ist, welches innerhalb eines Jahres bereits sichtliche Merkmale aufweist.

Literaturverzeichnis

ASHEIM, B. (2009): Introduction to the Creative Class in European City Regions. In: Economic Geography 85 (4), S. 355-362.

BEHÖRDE FÜR STADTENTWICKLUNG UND UMWELT HAMBURG (Hrsg.) (2009): Kreative Milieus und offene Räume in Hamburg. Hamburg.

BUNDESMINISTERIUM FÜR WIRTSCHAFT UND TECHNOLOGIE (Hrsg.) (2009): Forschungsbericht 577: Gesamtwirtschaftliche Perspektive der Kultur und Kreativwirtschaft in Deutschland.

FLORIDA, R (2003): The Rise oft he Creative Class. Paperback. New York.

FLORIDA, R (2004): Cities an the Creative Class. New York.

FRITSCH, M (2010): Die Geographie und die Effekte der Kreativen Klasse in Deutschland. URL: http://www.wiwi.uni-jena.de/uiw/publications/pub_since_2004/2010/Fritsch_Die%20Geographie%20und%20die%20Effekte%20der%20Kreativen%20Klasse%20in%20Deutschland.pdf (Stand: 30.11.2010).

FRITSCH, M. und M. STÜTZER (2007): Die Geographie der Kreativen Klasse in Deutschland. In: Raumforschung und Raumordnung 65 (1), S. 15-29.

HEINEBERG, H (2006): Stadtgeographie. 3. Auflage.

INITIATIVE KULTUR- UND KREATIVWIRTSCHAFT DER BUNDESREGIERUNG (Hrsg.) (2010): Die Initiative. URL: http://www.kultur-kreativ-wirtschaft.de/KuK/Navigation/initiative.html. (Stand: 09.11.2010).

OßENBRÜGGE, J./POHL, T. und A. VOGELPOHL (2009): Entgrenzte Zeitregime und wirtschaftsräumliche Konzentration. In: Zeitschrift für Wirtschaftsgeographie 53 (4), S. 249-263.

POHL, T. (2008): Distribution Patterns of the Creative Class in Hamburg: „Openness to Diversity" as a driving force for social-spatial differentiation? In: Erdkunde 62 (4), S. 317 – 328.

THE FAIRFIELD LEDGER (Hrsg.) (2008): Study: 'Creative class' helps county's economy. URL: http://goldentrianglenewspapers.com/articles/2008/09/19/top%20stories/20129691.txt (Stand: 30.11.2010).

WEDEMEIER, J. (2010): Wachsen mit Weitsicht. In: HWWI Insights (2).